シートン動物記

狼王ロボ

絵　清川あさみ

訳　金原瑞人／写真　新　良太

リトルモア

WILD ANIMALS I HAVE KNOWN "LOBO"
Ernest Thompson Seton

Art Work : Asami Kiyokawa
Translation : Mizuhito Kanehara
Photography : Ryota Atarashi
Art Direction & Design : Tsuguya Inoue
Design : Jun Inagaki (BEANS)

Published by Sun Chiapang (Little More Co.,Ltd)
First published in May 2015 in Japan by Little More Co.,Ltd
3-56-6 Sendagaya, Shibuya-ku, Tokyo 151-0051, JAPAN
Telephone: +81(0)3-3401-1042
Facsimile: +81(0)3-3401-1052
info@littlemore.co.jp http://www.littlemore.co.jp

Printing & Bookbinding: Toppan Printing Co.,Ltd

Printed in Japan
ISBN 978-4-89815-410-6 C0093

LOBO
"WILD ANIMALS I HAVE KNOWN"
ERNEST THOMPSON SETON

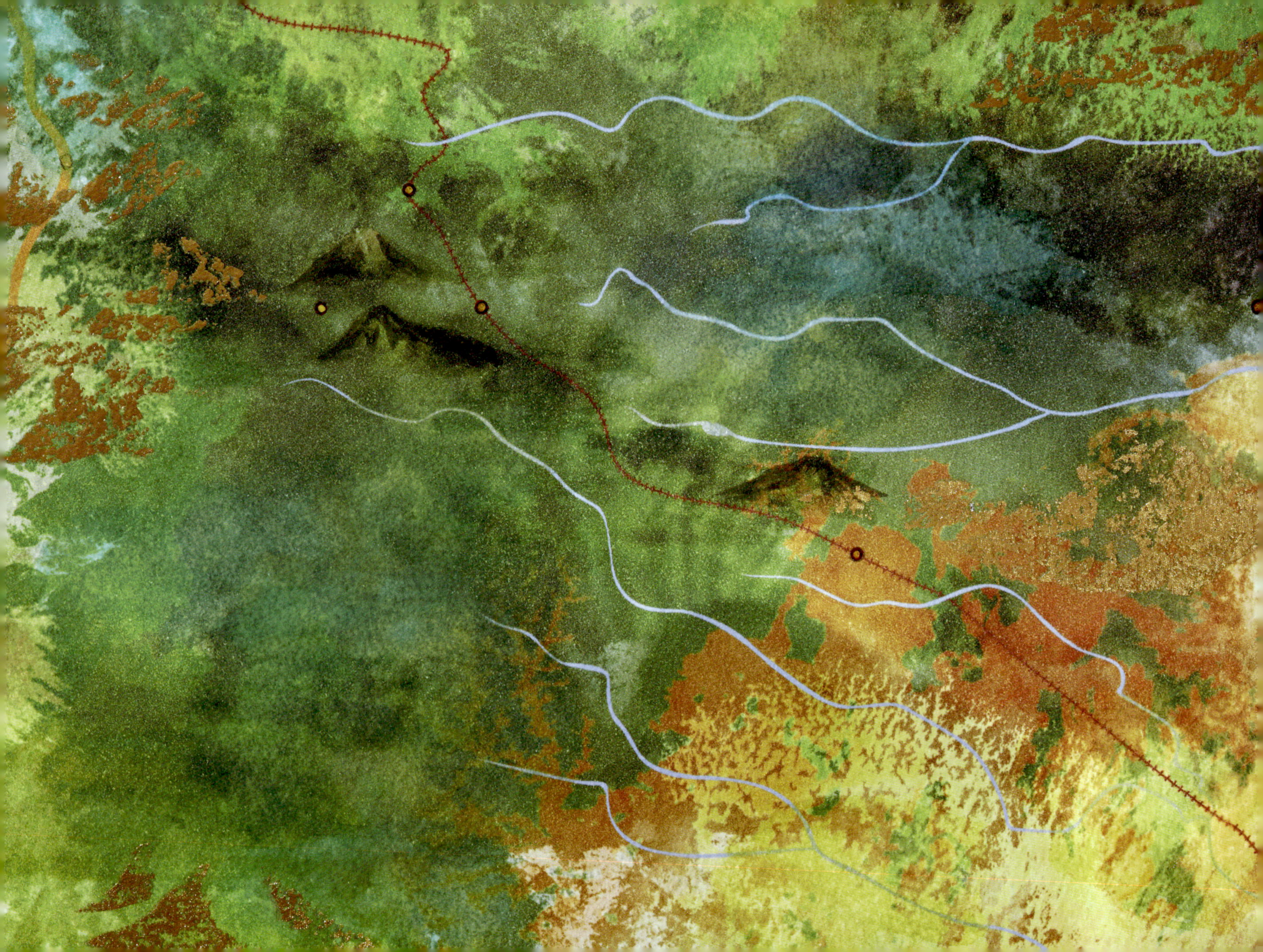

1

カランパはニューメキシコ州《しゅう》北部《ほくぶ》の広大《こうだい》な放牧地《ほうぼくち》だ。豊《ゆた》かな牧草地《ぼくそうち》に羊《ひつじ》や牛《うし》が群《む》れを作《つく》り、メサと呼《よ》ばれるこの地方《ちほう》独特《どくとく》の台地《だいち》がある。貴重《きちょう》な川《かわ》が何《なん》本《ぼん》か、下流《かりゅう》でカランパ川《がわ》に注《そそ》ぐ。それにちなんで、放牧地《ほうぼくち》にその名前《なまえ》がついたのだ。このあたり全体《ぜんたい》を一頭《いっとう》の老練《ろうれん》な灰色狼《はいいろおおかみ》が支配《しはい》していた。

地元《じもと》の人々《ひとびと》が「オールド・ロボ」とか「キング」と呼《よ》んでいたその狼《おおかみ》は、ひときわ体《からだ》が大《おお》きかった。ロボが率《ひき》いる灰色狼《はいいろおおかみ》たちも粒《つぶ》ぞろいで、カランパ渓谷《けいこく》は何年《なんねん》も、その連中《れんちゅう》に食《く》い荒《あ》らされていた。羊飼《ひつじか》いも牛飼《うしか》いもロボを知《し》らない者《もの》はなく、ロボが精鋭《せいえい》を連《つ》れて現《あらわ》れると、羊《ひつじ》や牛《うし》の群《む》れは恐怖《きょうふ》におびえ、羊飼《ひつじか》いや牛飼《うしか》いは怒《いか》りと絶望《ぜつぼう》に襲《おそ》われた。ロボは目立《めだ》って体《からだ》が大《おお》きく、賢《かしこ》く、体格《たいかく》にふさわしい体力《たいりょく》もあった。ロボの夜《よる》の吠《ほ》え声《ごえ》はだれもがよく知《し》っていて、仲間《なかま》の吠《ほ》え声《ごえ》とは簡単《かんたん》にききわけることができた。野営《やえい》している近《ちか》くで、普通《ふつう》の狼《おおかみ》が夜《よる》にうるさく吠《ほ》えたところで、だれも気《き》にしない。しかしロボのとどろくような吠《ほ》え声《ごえ》が谷間《たにま》に響《ひび》くと、見張《みは》り番《ばん》ははっとして、夜明《よあ》け頃《ごろ》、家畜《かちく》が食《く》いつくされた場面《ばめん》を想像《そうぞう》するのだった。

ロボの群《む》れは小《ちい》さかった。わたしにはそれが不思議《ふしぎ》だった。というのも、通常《つうじょう》、狼《おおかみ》がリーダーになり、ロボほどの権力《けんりょく》を握《にぎ》ると、次々《つぎつぎ》にほかの狼《おおかみ》が集《あつ》まってくるからだ。群《む》れが小《ちい》さいのは、おそらくロボがそれを望《のぞ》んだからか、荒々《あらあら》しい気性《きしょう》のせいでほかの狼《おおかみ》が寄《よ》ってこなかったからだろう。リーダーになってから死《し》ぬまでの後半《こうはん》、仲間《なかま》は5頭《とう》しかいなかった。しかし、どの狼《おおかみ》もよく知《し》られていて、ほとんどが平均以上《へいきんいじょう》の大《おお》きさで、とくにロボのすぐ下《した》の狼《おおかみ》は大柄《おおがら》だった。ただ、体格《たいかく》も戦闘能力《せんとうのうりょく》もロボにははるかにおよばなかった。この2頭以外《とういがい》の狼《おおかみ》もよく知《し》られていた。そのうちの1頭《とう》ははっとするほど美《うつく》しい白《しろ》い狼《おおかみ》で、地元《じもと》の人《ひと》たちはブランカと呼《よ》んでいた。スペイン語《ご》で「白《しろ》」という意味《いみ》だ。雌狼《めすおおかみ》で、おそらくロボの相手《あいて》だろうといわれていた。もう1頭《とう》は黄色《きいろ》の狼《おおかみ》で、驚《おどろ》くほど足《あし》が速《はや》く、最近《さいきん》の話《はなし》によれば、仲間《なかま》のためにプロングホーン（エダツノレイヨウ）をしとめたことも何度《なんど》かあるらしい。

こんな話《はなし》からも、ロボとその仲間《なかま》はカウボーイや羊飼《ひつじか》いたちによく知《し》られていたことがうかがえる。狼《おおかみ》たちはしばしば姿《すがた》をみせたし、声《こえ》はしょっちゅうきこえてきた。連中《れんちゅう》の生活《せいかつ》は家畜《かちく》なしではなりたたない。牛《うし》や羊《ひつじ》を飼《か》っている人々《ひとびと》はロボたちを何《なん》とかしようと必死《ひっし》だった。カランパで家畜《かちく》を飼《か》っている人間《にんげん》なら、ロボたち灰色狼《はいいろおおかみ》の頭《あたま》の皮《かわ》1枚《まい》に、雄《おす》の子牛《こうし》数頭分《すうとうぶん》の金《かね》を払《はら》っただろう。ところが、連中《れんちゅう》はまるで魔法《まほう》に守《まも》られているかのようで、どんな方法《ほうほう》を使《つか》ってもしとめることはできなかった。ハンターをばかにし、毒《どく》をあざけり、少《すく》なくとも5年《ねん》くらいは、カランパの牧場主《ぼくじょうぬし》から家畜《かちく》を強奪《ごうだつ》した。何人《なんにん》もの証言《しょうげん》によれば、1日《にち》に1頭《とう》、雌牛《めうし》をせしめたという。ということは5年間《ねんかん》で2千《せん》頭《とう》、それも毎回《まいかい》、上等《じょうとう》の丸々《まるまる》太《ふと》った雌牛《めうし》ばかりねらった。

狼《おおかみ》は常《つね》に腹《はら》をすかせているからなんでも食《た》べると昔《むかし》からいわれているが、これはロボたちにはまったくあてはまらない。この略奪者《りゃくだつしゃ》たちは毛並《けな》みがよく、健康状態《けんこうじょうたい》もよく、食《た》べるものにもうるさかった。自然死《しぜんし》した動物《どうぶつ》や、病《びょう》気《き》や毒《どく》で死《し》んだ動物《どうぶつ》は口《くち》にしなかったし、人間《にんげん》が殺《ころ》した動物《どうぶつ》にはみむきもしなかった。連中《れんちゅう》が毎日《まいにち》のように食《た》べたのは、しとめたばかりの1歳《さい》の雌牛《めうし》のやわらかい部分《ぶぶん》だった。雌《めす》であれ雄《おす》であれ、年老《としお》いた牛《うし》には目《め》もくれない。ただときどき、1歳《さい》になっていない牛《うし》や子馬《こうま》をねらうことはあった。しかし好《この》みでないことは明《あき》らかだ。また、羊《ひつじ》は好《す》きではないが、おもしろがって殺《ころ》すことがよくあった。１８９３年《ねん》の11月《がつ》、ブランカと黄色《きいろ》い狼《おおかみ》はひと晩《ばん》で２５０頭《とう》の羊《ひつじ》を殺《ころ》した。それも遊《あそ》び半分《はんぶん》に殺《ころ》したのは明《あき》らかで、肉《にく》はひと口《くち》も食《た》べなかった。

この無法者《むほうもの》たちの残虐《ざんぎゃく》さを物語《ものがた》る話《はなし》はほかにも山《やま》ほどある。毎年《まいとし》、この連《れん》中《ちゅう》を根絶《ねだ》やしにしようと、いくつもの新《あたら》しい工夫《くふう》がこらされたが、狼《おおかみ》たちはいっこうに平気《へいき》で勢《いきお》いをまし、まるで人間《にんげん》たちの努力《どりょく》をあざ笑《わら》うかのようだった。ロボの首《くび》には高額《こうがく》の賞金《しょうきん》がかけられ、何十種類《なんじゅっしゅるい》もの毒《どく》がたくみに仕掛《しか》けられたが、ロボはすべてかぎつけて避《さ》けていった。ロボがゆいいつ怖《おそ》れたのは――銃《じゅう》だ。そしてこの地方《ちほう》の人間《にんげん》はだれもが銃《じゅう》を持《も》っていることを知《し》っていたので、決《けっ》して人間《にんげん》を襲《おそ》ったり、人間《にんげん》の前《まえ》に出《で》てくることはなかった。実際《じっさい》、ロボたちの間《あいだ》には鉄則《てっそく》があって、昼間《ひるま》はどんなときであれ、人《ひと》の姿《すがた》をみたら、それがどんなに遠《とお》くであっても、逃《に》げることにしていた。またロボは自分《じぶん》たちのしとめた獲物《えもの》しか仲間《なかま》に食《た》べさせないことにしていて、この習性《しゅうせい》は仲間《なかま》を多《おお》くの危険《きけん》から救《すく》った。ロボは嗅覚《きゅうかく》が鋭《するど》く、人間《にんげん》の手《て》や毒《どく》のにおいをかぎわけることができた。そのおかげで、仲間《なかま》はさらに安全《あんぜん》に過《す》ごすことができた。

あるとき、ひとりのカウボーイが、仲間《なかま》を集《あつ》めるロボの吠《ほ》え声《ごえ》を耳《みみ》にし、こっそり近《ちか》づいてみた。すると、狼《おおかみ》がくぼ地《ち》に集《あつ》まって数頭《すうとう》の牛《うし》を取《と》り囲《かこ》んでいた。ロボは少《すこ》し離《はな》れた丘《おか》の上《うえ》にすわっていた。ブランカは仲間《なかま》といっしょに、目当《めあ》ての若《わか》い雌牛《めうし》をほかの牛《うし》たちから切《き》り離《はな》そうとしていた。ところが牛《うし》たちは身《み》を寄《よ》せ合《あ》って固《かた》まり、頭《あたま》を突《つ》き出《だ》し、敵《てき》に向《む》かって角《つの》をずらりと並《なら》べている。狼《おおかみ》たちにとっては、突進《とっしん》して牛《うし》を何頭《なんとう》かおびえさせ、後《うし》ろに退却《たいきゃく》させないかぎり、どうしようもない。連中《れんちゅう》は何度《なんど》かそれを繰《く》り返《かえ》して若《わか》い雌牛《めうし》に傷《きず》を負《お》わせてはいたが、たいした傷《きず》ではない。そのうちロボが仲間《なかま》のふがいなさにいらいらしてきたらしく、丘《おか》から駆《か》け下《お》りてくると、太《ふと》い吠《ほ》え声《ごえ》をあげ、群《む》れにむかって突進《とっしん》した。そして牛《うし》がおびえて列《れつ》を乱《みだ》したところをねらって、大《おお》きく跳《と》んだ。その瞬間《しゅんかん》、牛《うし》たちは爆発《ばくはつ》した砲弾《ほうだん》の破片《はへん》のように散《ち》っていった。若《わか》い雌牛《めうし》も飛《と》びだしたが、25メートルもいかないうちに追《お》いつかれた。ロボは目当《めあ》ての雌牛《めうし》に飛《と》びかかると、首《くび》にかみつき、全身《ぜんしん》の力《ちから》をこめて後《うし》ろに引《ひ》いた。雌牛《めうし》の全身《ぜんしん》をすさまじい衝撃《しょうげき》が駆《か》け抜《ぬ》けたにちがいない。足《あし》を上《うえ》にして倒《たお》れていた。ロボも1回転《かいてん》したが、すぐに起《お》き上《あ》がった。仲間《なかま》が雌牛《めうし》に襲《おそ》いかかって、数秒後《すうびょうご》には息《いき》の根《ね》を止《と》めた。ロボはそれには加《くわ》わらなかった。雌牛《めうし》を勢《いきお》いよく転《ころ》がしたあとは「ぐずぐずしてないで、こうやれ」とでもいいたげだった。

カウボーイが叫《さけ》び声《ごえ》をあげながら馬《うま》で駆《か》けつけると、狼《おおかみ》たちはいつものように逃《に》げていった。カウボーイは瓶《びん》入《い》りのストリキニーネを持《も》っていたので、死《し》んだ雌牛《めうし》の3箇所《かしょ》に手早《てばや》く塗《ぬ》りつけて、その場《ば》を離《はな》れた。狼《おおかみ》たちが、自分《じぶん》たちのしとめた獲物《えもの》を食《た》べにもどってくると思《おも》ったのだ。ところが次《つぎ》の日《ひ》の朝《あさ》、狼《おおかみ》の死体《したい》を期待《きたい》してきてみると、雌牛《めうし》は食《た》べられていたが、毒《どく》を塗《ぬ》ったところだけきれいに残《のこ》してあった。

ロボの恐怖《きょうふ》が牧場主《ぼくじょうぬし》たちのあいだに広《ひろ》まっていった。毎年《まいとし》のように賞金《しょうきん》があがり、ついに1,000ドルに達《たっ》した。狼一頭《おおかみいっとう》の賞金《しょうきん》としては法外《ほうがい》な額《がく》だ。人間《にんげん》でもずっと安《やす》い賞金《しょうきん》がかけられた者《もの》がたくさんいる。この賞金《しょうきん》にそそられて、ある日《ひ》、タネリーというテキサスの警官《けいかん》が馬《うま》を飛《と》ばして、このカランパの峡谷《けいこく》にやってきた。準備《じゅんび》は万端《ばんたん》だった。最高《さいこう》のライフルと馬《うま》、何頭《なんとう》もの大柄《おおがら》な猟犬《りょうけん》。遠《とお》くのパンハンドルの平原《へいげん》で、タネリーは猟犬《りょうけん》を使《つか》って多《おお》くの狼《おおかみ》をしとめた。そしていま自信満々《じしんまんまん》で、数日《すうじつ》のうちにロボの毛皮《けがわ》を馬《うま》の鞍頭《くらがしら》にぶら下《さ》げるつもりでいた。

タネリーは馬《うま》に乗《の》り、猟犬《りょうけん》を連《つ》れて、意気揚々《いきようよう》と狼狩《おおかみが》りに出《で》かけた。夏《なつ》の朝《あさ》、空《そら》が白《しら》む頃《ころ》、早《はや》くも犬《いぬ》たちはにおいをかぎつけ、うれしそうな声《こえ》を上《あ》げた。3キロもいかないうちに、灰色狼《はいいろおおかみ》たちが駆《か》けているのがみえる。猟犬《りょうけん》はいっせいに、全速力《ぜんそくりょく》で追跡《ついせき》を始《はじ》めた。猟犬《りょうけん》の役割《やくわり》は、狼《おおかみ》を追《お》いつめ、ハンターがやってきてしとめるまで逃《に》がさないでおくことだ。テキサスの開《ひら》けた平原《へいげん》なら簡単《かんたん》だ。しかし、ここではそうはいかない。ロボはじつにうまく領地《りょうち》を選《えら》んでいた。というのは、カランパの平原《へいげん》は、岩《いわ》だらけの峡谷《けいこく》と小川《おがわ》が縦横《じゅうおう》に走《はし》っていたからだ。ロボは早速《さっそく》、近《ちか》くの峡谷《けいこく》へ駆《か》けていってそれを越《こ》え、馬《うま》に乗《の》ったタネリーを振《ふ》り切《き》った。一方《いっぽう》、仲間《なかま》の狼《おおかみ》たちは散《ち》らばって猟犬《りょうけん》を分散《ぶんさん》させ、しばらくして遠《とお》くのほうでまたひとつにまとまった。猟犬《りょうけん》はばらばらのままだ。狼《おおかみ》たちは数《かず》に物《もの》をいわせて、やってくる犬《いぬ》を順番《じゅんばん》にかみ殺《ころ》したり、重傷《じゅうしょう》を負《お》わせたりした。その晩《ばん》、タネリーが猟犬《りょうけん》を集《あつ》めてみると、6頭《とう》しかいなかった。そのうち2頭《とう》は瀕死《ひんし》の状態《じょうたい》だった。タネリーはそのあとも2度《ど》、ロボをしとめようとしたが、どちらも最初《さいしょ》と同《おな》じようなものだった。

最後《さいご》のときには、いちばんいい馬《うま》が転《ころ》んで死《し》んでしまった。タネリーはうんざりして、ロボを追跡《ついせき》するのをあきらめ、テキサスに帰《かえ》っていった。ロボはそれまで以上《いじょう》に、王《おう》として堂々《どうどう》とそのあたりを支配《しはい》することになった。

その次《つぎ》の年《とし》、ハンターがふたり、賞金《しょうきん》を手《て》に入《い》れようと張《は》り切《き》ってやってきた。どちらも、この悪名高《あくめいだか》い狼《おおかみ》をしとめるつもりでいた。ひとりは新《あたら》しい毒薬《どくやく》を持《も》ってきた。それをそれまでにない方法《ほうほう》でしかけるつもりだった。もうひとりは、フランス系《けい》のカナダ人《じん》で、呪文《じゅもん》と魔法《まほう》をかけた毒《どく》を用意《ようい》してきた。というのは、そのハンターは、ロボは人狼《じんろう》であって、通常《つうじょう》の方法《ほうほう》で殺《ころ》すことはできないと思《おも》っていたからだ。ところが、巧《たく》みに調合《ちょうごう》された毒《どく》も、魔法《まほう》も、呪文《じゅもん》も、この灰色狼《はいいろおおかみ》にはまったく効《き》かなかった。以前《いぜん》と同《おな》じように、ロボは毎週《まいしゅう》、いつものようにあたりを巡回《じゅんかい》して、毎日《まいにち》、ぜいたくな食事《しょくじ》をした。数週間《すうしゅうかん》もしないうちに、カロンもラロシュも肩《かた》を落《お》として、ほかのところに狩《か》りにいってしまった。

ロボをしとめることのできなかったジョー・カロンは、１８９３年《ねん》の春《はる》、屈辱的《くつじょくてき》な目《め》にあった。その出来事《できごと》は、いかにロボが人間《にんげん》たちをばかにし、いかに自信《じしん》があるかを物語《ものがた》っている。カロンの農場《のうじょう》はカランパ川《がわ》の小《ちい》さな支流《しりゅう》のそば、美《うつく》しい峡谷《けいこく》にあった。この峡谷《けいこく》の、カロンの家《いえ》から１，０００メートルほど離《はな》れた岩場《いわば》を、その年《とし》の春《はる》、ロボと連合《つれあ》いがすみかにして子《こ》どもを育《そだ》てるようになったのだ。連中《れんちゅう》は夏《なつ》が終《お》わるまでそこに居《い》つづけて、カロンの牛《うし》や羊《ひつじ》や犬《いぬ》を襲《おそ》った。そしてカロンのしかける毒《どく》や罠《わな》をばかにして、ほら穴《あな》のたくさんのある崖《がけ》でのんびり暮《く》らした。カロンは智恵《ちえ》をしぼって、煙《けむり》でいぶりだそうとしたり、ダイナマイトをしかけたりした。しかしロボたちはまったく無傷《むきず》で逃《に》げて、それまでと同《おな》じように略奪《りゃくだつ》を続《つづ》けた。「夏中《なつじゅう》あそこにいやがった」カロンは崖《がけ》を指《ゆび》さしていった。「こっちは何《なに》ひとつできなかった。あいつにとって、おれはばかを絵《え》に描《か》いたようなものだっただろうな」

II

そんな話《はなし》を何人《なんにん》ものカウボーイからきかされてはいたものの、とても信《しん》じる気《き》にはなれなかった。しかしそれも１８９３年《ねん》の秋《あき》までのことだった。そのとき、わたしはこの狡猾《こうかつ》な襲撃者《しゅうげきしゃ》と出会《であ》い、やがてだれよりもよく知《し》ることになったのだ。その数年前《すうねんまえ》、わたしはビンゴという猟犬《りょうけん》を連《つ》れて狼《おおかみ》を狩《か》っていたのだが、仕事《しごと》を変《か》えたせいで、机《つくえ》と椅子《いす》にしばりつけられていた。いいかげん、うんざりしていたところに、カランパで牧場《ぼくじょう》をやっている友人《ゆうじん》から、ニューメキシコにきてあの狼《おおかみ》たちをなんとかしてくれないかと頼《たの》まれた。わたしは話《はなし》をきいて、ロボという狼《おおかみ》をみたくてたまらなくなり、早速《さっそく》、メサと呼《よ》ばれる台地《だいち》で有名《ゆうめい》なその地方《ちほう》にでかけた。そしてしばらく馬《うま》であたりの様子《ようす》をさぐった。ときどき案内人《あんないにん》が、皮《かわ》と骨《ほね》ばかりになった雌牛《めうし》を指《ゆび》さしてこういった。「あいつの仕業《しわざ》です」

実際《じっさい》にみてすぐにわかったのだが、こんな起伏《きふく》の多《おお》い平原《へいげん》では、猟犬《りょうけん》と馬《うま》でロボを追《お》いつめるのは不可能《ふかのう》だ。しとめるとすれば、毒《どく》か罠《わな》しかない。わたしは大《おお》きな罠《わな》は持《も》ってこなかったので、毒《どく》を使《つか》ってみることにした。

わたしは、人狼《じんろう》とまで呼《よ》ばれる狼《おおかみ》をしとめるために百《ひゃく》ほどの方法《ほうほう》を試《ため》した。だが、それについて詳《くわ》しく書《か》く必要《ひつよう》はないだろう。ストリキニーネ、ヒ素《そ》、シアン化物《かぶつ》、青酸《せいさん》などの組《く》み合《あ》わせはすべて試《ため》してみた。いろんな肉《にく》を餌《えさ》に使《つか》ってみた。しかし夜《よ》が明《あ》けて馬《うま》で出《で》かけるたびに、失敗《しっぱい》を思《おも》い知《し》らされた。ロボは狡猾《こうかつ》で、とてもわたしの手《て》には負《お》えなかった。ロボがどれほど賢《かしこ》かったかをわかってもらうには、こんな例《れい》をひとつあげれば十分《じゅうぶん》だろう。わたしは罠師《わなし》の老人《ろうじん》に教《おし》えてもらった方法《ほうほう》にヒントを得《え》て、チーズと、殺《ころ》したばかりの若《わか》い雌牛《めうし》の腎臓《じんぞう》の脂《あぶら》を溶《と》かして混《ま》ぜることにした。煮《に》るときは磁《じ》器《き》の皿《さら》を使《つか》って、切《き》り分《わ》けるときは金属《きんぞく》のにおいがつかないよう骨製《ほねせい》のナイフを使《つか》った。

　チーズと腎臓《じんぞう》の脂《あぶら》を混《ま》ぜたものが冷《ひ》えると、いくつかの塊《かたまり》に切《き》り分《わ》けて、ひとつひとつに穴《あな》を開《あ》けた。そしてかなりの量《りょう》のストリキニーネとシアン化《か》物《ぶつ》を、においを通《とお》さないゼラチンのカプセルに入《い》れて詰《つ》めた。最後《さいご》に穴《あな》をチーズでふさいだ。最初《さいしょ》から最後《さいご》まで、若《わか》い雌牛《めうし》の温《あたた》かい血《ち》にひたしておいた手袋《てぶくろ》をはめて作業《さぎょう》し、餌《えさ》には息《いき》がかからないよう注意《ちゅうい》した。準備《じゅんび》が整《ととの》うと、生皮《なまかわ》の袋《ふくろ》に血《ち》をぬって、そのなかに餌《えさ》を入《い》れ、馬《うま》に乗《の》って出発《しゅっぱつ》した。ロープの端《はし》に牛《うし》の肝臓《かんぞう》と腎臓《じんぞう》をくくりつけて引《ひ》きずっていった。こうして15キロほど、５００メートルおきに餌《えさ》をひとつずつ落《お》としていった。つねに、餌《えさ》には手《て》を触《ふ》れないよう、細心《さいしん》の注意《ちゅうい》を払《はら》った。

ロボは週《しゅう》のはじめはたいがい、このあたりに出没《しゅつぼつ》する。週《しゅう》の後半《こうはん》はシエラグランデ山《やま》のふもとですごすと考《かんが》えられていた。その日《ひ》は月曜日《げつようび》で、夜《よる》になり、そろそろ休《やす》もうと思《おも》ったとき、狼王《おおかみおう》ロボの低《ひく》く太《ふと》い吠《ほ》え声《ごえ》がきこえた。仲間《なかま》のひとりがぼそっといった。「あいつだ。さあ、引《ひ》っかかってくれるか」

夜《よ》が明《あ》けると早速《さっそく》、出発《しゅっぱつ》した。わたしは結果《けっか》を知《し》りたくてうずうずしていた。狼《おおかみ》たちの新《あたら》しい足跡《あしあと》がみつかった。ロボが先頭《せんとう》だ。ロボの足跡《あしあと》は簡単《かんたん》にみわけがつく。普通《ふつう》の狼《おおかみ》の前足《まえあし》は11センチ、大柄《おおがら》なオオカミは12センチ弱《じゃく》。それに対《たい》しロボの足《あし》は、何度《なんど》も計《はか》ったことがあって、爪《つめ》から踵《かかと》まで14センチ。あとでわかったのだが、体格《たいかく》もそれなりの大《おお》きさで、立《た》つと肩《かた》までの高《たか》さが90センチ、体重《たいじゅう》が70キロあった。そんなわけで、ロボの足跡《あしあと》は仲間《なかま》の足跡《あしあと》でみづらくなっていても、すぐにわかった。連中《れんちゅう》は、わたしがロープで牛《うし》の内臓《ないぞう》を引《ひ》きずった跡《あと》をみつけて、いつものように追《お》っていったらしい。ロボは最《さい》初《しょ》の餌《えさ》をみつけ、においをかいで、くわえあげたようだ。

喜《よろこ》びをおさえられなかった。「やっと、しとめたぞ」わたしは大声《おおごえ》でいった。
「1キロ半以内《はんいない》に転《ころ》がっているはずだ」わたしは馬《うま》を走《はし》らせ、地面《じめん》に残《のこ》った大《おお》きな足跡《あしあと》を追《お》った。足跡《あしあと》はふたつめの餌《えさ》の所《ところ》まで続《つづ》いていた。その餌《えさ》もなくなっていた。わたしは歓声《かんせい》を上《あ》げた。ロボだけでなく、仲間《なかま》も何頭《なんとう》かしとめることができた。ところが、大《おお》きな足跡《あしあと》はまだ先《さき》まで続《つづ》いていた。わたしはあぶみにかけた足《あし》に力《ちから》をこめて立《た》ち上《あ》がり、平原《へいげん》をみまわしたが、狼《おおかみ》の死《し》骸《がい》のようなものはどこにもみあたらない。さらに追《お》っていくと、3つ目《め》の餌《えさ》もなくなっていた。ロボの足跡《あしあと》はさらに、4つ目《め》の餌《えさ》のほうへ。ようやくわかってきた。ロボは餌《えさ》を食《た》べたのではなく、ただくわえて運《はこ》んだだけなのだ。そして3つの餌《えさ》を4つ目《め》の餌《えさ》の上《うえ》に置《お》くと、わたしの苦労《くろう》をばかにするかのように、小《しょう》便《べん》を引《ひ》っかけていった。ロボはあとの餌《えさ》は無視《むし》して、毒《どく》の餌《えさ》から守《まも》った仲間《なかま》を引《ひ》き連《つ》れ、いつもの略奪《りゃくだつ》にもどったのだった。

　これはほんの一例《いちれい》で、わたしは多《おお》くの似《に》たような経験《けいけん》を重《かさ》ねた結果《けっか》、毒《どく》ではしとめることはできないと確信《かくしん》した。罠《わな》が送《おく》られてくるのを待《ま》っているあいだも、毒《どく》を使《つか》ってはいたが、それは平原《へいげん》の多《おお》くのコヨーテやほかの害獣《がいじゅう》をしとめるためだった。

ちょうどその頃《ころ》、ロボの悪魔《あくま》のような賢《かしこ》さを証明《しょうめい》する出来事《できごと》を目《め》にした。連中《れんちゅう》は遊《あそ》び半分《はんぶん》に獲物《えもの》を追《お》いかけることがあった。相手《あいて》は羊《ひつじ》で、それを追《お》いつめて殺《ころ》すのだが、まず食《た》べることはない。羊《ひつじ》は通常《つうじょう》、1,000頭《とう》から3,000頭《とう》くらいがひとつの群《む》れで、それをひとりから数人《すうにん》の羊飼《ひつじか》いが世話《せわ》をしている。夜《よる》になると、羊《ひつじ》は近《ちか》くの安全《あんぜん》そうな場所《ばしょ》に集《あつ》まり、羊飼《ひつじか》いはそばで眠《ねむ》って番《ばん》をする。羊《ひつじ》は愚《おろ》かな動物《どうぶつ》で、ちょっとしたことにも驚《おどろ》いて逃《に》げだす。しかし、ひとつ、おそらくひとつだけ、弱《よわ》さを補《おぎな》うために、本性《ほんしょう》に深《ふか》く刻《きざ》みこまれている習性《しゅうせい》がある。なにがあってもリーダーについていくという習性《しゅうせい》だ。それを利用《りよう》して羊飼《ひつじか》いは5、6頭《とう》の山羊《やぎ》を群《む》れのなかに入《い》れておく。羊《ひつじ》は、ひげをはやした親戚《しんせき》が驚《おどろ》くほど賢《かしこ》いのを知《し》って、夜《よる》、何《なに》かあったら、そのまわりに集《あつ》まる。そうすれば散《ち》り散《ぢ》りにならないので、ちゃんと守《まも》ってやることができる。しかし、いつもうまくいくとはかぎらない。

昨年《さくねん》の11月末《がつまつ》のある晩《ばん》のこと、ペリコからきたふたりの羊飼《ひつじか》いが狼《おおかみ》の襲撃《しゅうげき》で目《め》をさました。羊《ひつじ》は山羊《やぎ》のまわりに集《あつ》まった。山羊《やぎ》は愚《おろ》かでもなければ臆病《おくびょう》でもないので、たじろぐことなく、勇敢《ゆうかん》に立《た》ち向《む》かった。ところが悲《かな》しいことに、突進《とっしん》してきたのが並大抵《なみたいてい》の狼《おおかみ》ではない。人狼《じんろう》とも怖《おそ》れられている狼王《おおかみおう》ロボは、山羊《やぎ》が羊《ひつじ》のまとめ役《やく》をしていることくらい承知《しょうち》している。集《あつ》まった羊《ひつじ》の背中《せなか》の上《うえ》を飛《と》び越《こ》えて山羊《やぎ》に襲《おそ》いかかり、またたくまに一頭残《いっとうのこ》らず殺《ころ》してしまった。そのとたん、不運《ふうん》な羊《ひつじ》たちは四方八方《しほうはっぽう》に逃《に》げだした。

それから数週間《すうしゅうかん》、ほとんど毎日《まいにち》、わたしは、暗《くら》い顔《かお》の羊飼《ひつじか》いに「OTOという烙印《らくいん》を押《お》した羊《ひつじ》をみかけませんでしたか」とたずねられた。わたしはしかたなくこんな返事《へんじ》をした。「ええ、5、6頭《とう》、ダイヤモンド・スプリングのそばで死《し》んでいました」とか「数頭《すうとう》がマルパイ・メサを駆《か》けているのをみかけました」とか「わたしはみませんでしたが、ファン・メイラが、殺《ころ》されたばかりの羊《ひつじ》を20頭《とう》ほどみたそうです。2日前《かまえ》、セドラ・モンテで」とか。

ようやく狼用《おおかみよう》の罠《わな》が届《とど》いた。わたしはふたりの男《おとこ》に手伝《てつだ》ってもらい、丸《まる》1週間《しゅうかん》かけてあちこちに仕掛《しか》けてみた。労《ろう》を惜《お》しまず、成功《せいこう》につながりそうなことは思《おも》いつくかぎりすべて取《と》り入《い》れた。届《とど》いた罠《わな》をしかけて2日目《かめ》、様子《ようす》をみにでかけてみるとすぐに、ロボが罠《わな》から罠《わな》へ走《はし》っていった足跡《あしあと》がみつかった。前《まえ》の晩《ばん》、ロボのしたことは明《あき》らかだ。闇《やみ》のなかを駆《か》けて、巧妙《こうみょう》に隠《かく》してあった最初《さいしょ》の罠《わな》にすぐに気《き》づいたのだ。

ロボは仲間《なかま》をその場《ば》にとどめ、注意深《ちゅういぶか》くあたりを前足《まえあし》で引《ひ》っかいて、罠《わな》と鎖《くさり》と丸太《まるた》をみつけた。そして口《くち》を開《あ》けたままの罠《わな》をさらしたままにした。それから10個《こ》ほどの罠《わな》をすべて同《おな》じようにしていったのだ。わたしはすぐに気《き》がついたのだが、ロボは行《い》く手《て》に疑《うたが》わしいものがあるのを感《かん》じると立《た》ち止《ど》まって、脇《わき》にそれる癖《くせ》がある。

　ロボを出《だ》し抜《ぬ》く新《あたら》しいアイデアが頭《あたま》に浮《う》かんだ。Ｈの文字《もじ》の形《かたち》に罠《わな》をしかけてみたらどうだろう。わたしは道《みち》の両側《りょうがわ》にいくつか罠《わな》を並《なら》べ、その間《あいだ》、つまりＨの横棒《よこぼう》にあたるところにひとつ罠《わな》を置《お》いた。ところがすぐに、これも失敗《しっぱい》だったことが判明《はんめい》した。ロボは早足《はやあし》で道《みち》を駆《か》けてきて、両側《りょうがわ》に罠《わな》の並《なら》んだ部分《ぶぶん》にさしかかったが、まん中《なか》に置《お》いた罠《わな》には気《き》がつかなかった。ところが直前《ちょくぜん》で感《かん》づき、いったいどうしてそんな方法《ほうほう》を思《おも》いついたのか、まったく信《しん》じられないのだが、おそらく狼《おおかみ》の天使《てんし》でもついていたのだろう、右《みぎ》にも左《ひだり》にもそれることなく、ゆっくりと注意深《ちゅういぶか》く、後《あと》ずさった。それも自分《じぶん》の足跡《あしあと》をひとつひとつ踏《ふ》むようにして、危険《きけん》な道《みち》から抜《ぬ》け出《だ》したのだ。それから、道《みち》の片側《かたがわ》に出《で》ると、土《つち》くれや石《いし》を後《うし》ろ足《あし》で蹴飛《けと》ばして、すべての罠《わな》の口《くち》を閉《と》じさせた。

　ロボに関《かん》して、こんなことはしょっちゅうだった。そしてわたしがいくらやり方《かた》を変《か》え、いくら慎重《しんちょう》に罠《わな》をしかけても、すべて失敗《しっぱい》した。ロボの賢《かしこ》さには付《つ》けいる隙《すき》がないように思《おも》えた。何《なに》もなければ、ロボはいまでも略奪《りゃくだつ》を続《つづ》けていたかもしれない。しかし、結局《けっきょく》は仲間《なかま》に足《あし》を引《ひ》っぱられて、身《み》を滅《ほろ》ばすはめになった。ひとりなら無敵《むてき》だったのに、信頼《しんらい》すべき仲間《なかま》の不注意《ふちゅうい》ゆえに破滅《はめつ》した英雄《えいゆう》たちの長《なが》いリストに、自分《じぶん》の名《な》を付《つ》け加《くわ》えることになったのだ。

III

1、2度《ど》、ロボたちがあまりうまくいっていないのではないかと思《おも》われるようなところをみかけた。どうも規律《きりつ》が乱《みだ》れているらしいのだ。たとえば、ときどきロボの先《さき》を小《ちい》さな足跡《あしあと》が走《はし》ったあとをみつけることがあった。どういうことなのかわからなかったのだが、カウボーイから話《はなし》をきいて納《なっ》得《とく》した。

「今日《きょう》、連中《れんちゅう》をみかけました。勝手《かって》な真似《まね》をしてるのはブランカです」それをきいて、わたしは、なるほどと思《おも》い、こういった。「そうか、そのブランカというのは雌《めす》だな。もし雄《おす》だったら、とっくにロボに殺《ころ》されているはずだ」

わたしは新《あたら》しい方法《ほうほう》を思《おも》いついた。若《わか》い雌牛《めうし》を1頭殺《とうころ》し、そのそばにこれみよがしに罠《わな》をひとつかふたつ仕掛《しか》けた。それから雌牛《めうし》の頭《あたま》を切《き》り落《お》として、少《すこ》し離《はな》れたところに置《お》いた。頭《あたま》はろくに食《た》べるところがなく、狼《おおかみ》は目《め》もくれない。わたしはそのまわりに強力《きょうりょく》な鋼《はがね》の罠《わな》を6個《こ》仕掛《しか》けた。どれもたんねんににおいを消《け》し、細心《さいしん》の注意《ちゅうい》を払《はら》って隠《かく》した。作業《さぎょう》をするときは、手《て》にもブーツにも道具《どうぐ》にも新鮮《しんせん》な血《ち》を塗《ぬ》り、作業《さぎょう》のあとは、雌牛《めうし》の頭《あたま》から流《なが》れたとみえるように地面《じめん》に血《ち》をまいておいた。それから罠《わな》を埋《う》めると、コヨーテの皮《かわ》でその上《うえ》を掃《は》き、コヨーテの足《あし》で罠《わな》のうえにいくつも足跡《あしあと》をつけた。雌《め》牛《うし》の頭《あたま》は茂《しげ》みのそばに置《お》き、その間《あいだ》にほそい通路《つうろ》ができるようにしたあと、いちばん性能《せいのう》のいい罠《わな》を2個《こ》仕掛《しか》けて、頭《あたま》につないだ。

狼《おおかみ》には、死骸《しがい》のにおいをかぎつけると必《かなら》ず調《しら》べに近《ちか》づいていく習性《しゅうせい》がある。食《た》べるつもりがなくてもそうするのだ。わたしはこの習性《しゅうせい》を利用《りよう》した新《あたら》しい方法《ほうほう》でロボの仲間《なかま》をつかまえることができるのではないかと考《かんが》えたのだ。ロボなら間違《まちが》いなく、わたしの仕掛《しか》けた罠《わな》を見破《みやぶ》って、仲間《なかま》を遠《とお》ざけるだろう。だが、わたしは、雌牛《めうし》の頭《あたま》はうまくいきそうな気《き》がしていた。不要《ふよう》だから捨《す》てたようにみせかけてあるところが肝心《かんじん》だ。

次《つぎ》の日《ひ》の朝《あさ》、早速《さっそく》、罠《わな》を調《しら》べにでかけた。すると、うれしいことに、連中《れんちゅう》の足跡《あしあと》があった。そして雌牛《めうし》の頭《あたま》とそれにつないだ罠《わな》がなくなっていた。あたりの足跡《あしあと》をざっと観察《かんさつ》すると、ロボが仲間《なかま》を肉《にく》に近《ちか》づけないようにしたのがわかった。しかしロボよりは小柄《こがら》な狼《おおかみ》が、少《すこ》し離《はな》して置《お》いてあった雌牛《めうし》の頭《あたま》を調《しら》べにまっすぐ近《ちか》づいていったらしい。

あとを追《お》うと、1キロ半《はん》もいかないうちに、不運《ふうん》な狼《おおかみ》はブランカだったことがわかった。しかしブランカは逃《に》げだした。20キロ以上《いじょう》もある雌牛《めうし》の頭《あたま》を引《ひ》きずりながら走《はし》って、馬《うま》を降《お》りたわたしたちを引《ひ》き離《はな》したが、岩場《いわば》で捕《つか》まった。雌牛《めうし》の頭《あたま》の角《つの》が岩《いわ》の間《あいだ》にはさまって動《うご》けなくなったのだ。わたしはこれほど美《うつく》しい狼《おおかみ》をみたことがない。毛並《けな》みがよく、全身《ぜんしん》ほとんど白一色《しろいっしょく》だった。

ブランカは振《ふ》り返《かえ》って身構《みがま》えると、仲間《なかま》を呼《よ》ぼうと吠《ほ》え声《ごえ》を上《あ》げた。長《なが》い遠吠《とおぼ》えが峡谷《けいこく》を渡《わた》っていった。遠《とお》く離《はな》れたメサからロボの吠《ほ》え声《ごえ》がそれにこたえた。ブランカが吠《ほ》えたのは一度《いちど》きりだった。われわれが取《と》り囲《かこ》むように近《ちか》づいていったので、必死《ひっし》に戦《たたか》わなくてはならなくなったからだ。

そのあとは避《さ》けがたい悲劇《ひげき》だった。そのときはともかく、いまそれを思《おも》い出《だ》すと、身震《みぶる》いしてしまう。われわれは投《な》げ縄《なわ》を投《な》げてブランカの首《くび》にかけると、数頭《すうとう》の馬《うま》に別《べつ》の方向《ほうこう》に引《ひ》っぱらせた。やがてブランカの口《くち》から血《ち》が噴《ふ》き出《だ》し、目《め》から生気《せいき》が失《う》せ、全身《ぜんしん》がこわばって動《うご》かなくなった。われわれはブランカの死骸《しがい》を持《も》って、勝利《しょうり》の気分《きぶん》を味《あじ》わいながら、馬《うま》でもどった。ようやく、あの狼《おおかみ》たちに一発《いっぱつ》、致命的《ちめいてき》な傷《きず》を与《あた》えることができたのだ。

あの悲劇《ひげき》の最中《さいちゅう》も何度《なんど》か、そしてそのあと馬《うま》で帰《かえ》っていくときも、遠《とお》くのメサをうろつくロボの吠《ほ》え声《ごえ》がきこえてきた。ブランカをさがしていたのだろう。ロボは決《けっ》してブランカを見捨《みす》てたことがなかった。しかし助《たす》けるのは不可能《ふかのう》だと知《し》っていたうえに、われわれが近《ちか》づいたとき、銃《じゅう》に対《たい》する激《はげ》しい恐怖《きょうふ》に襲《おそ》われたのだろう。その日《ひ》はずっと、ブランカをもとめてさまようロボの悲《かな》しげな吠《ほ》え声《ごえ》がきこえてきた。わたしは仲間《なかま》のひとりにつぶやいた。「ロボは本当《ほんとう》にブランカを好《す》きだったんだな」

　夕方《ゆうがた》になると、ロボは居場所《いばしょ》にしていた峡谷《けいこく》にもどってきたらしく、吠《ほ》え声《ごえ》が近《ちか》づいてきた。

　じつにつらそうな吠《ほ》え声《ごえ》だった。いつものとどろきわたる挑戦的《ちょうせんてき》な吠《ほ》え声《ごえ》ではなく、長《なが》く尾《お》を引《ひ》く、もの悲《がな》しい吠《ほ》え声《ごえ》だった。「ブランカ！　ブランカ！」と呼《よ》びかけているようだった。夜《よる》になると、ロボがあの岩場《いわば》の近《ちか》くまできたのがわかった。そしてやっと足跡《あしあと》をみつけたのだろう、ブランカが死《し》んだ所《ところ》までやってくると、胸《むね》の張《は》り裂《さ》けそうな声《こえ》を上《あ》げた。わたしはかわいそうできいていられなかった。狼《おおかみ》にあれほど悲《かな》しそうな吠《ほ》え声《ごえ》をきかされるとは思《おも》ってもいなかった。少々《しょうしょう》のことには動《どう》じないカウボーイでさえ、「あんな声《こえ》はきいたことがない」といっていた。ロボには、ブランカの血《ち》が死《し》を物語《ものがたり》っている場所《ばしょ》がわかったのだろう。

ロボは馬《うま》の足跡《あしあと》を追《お》って、この牧場《ぼくじょう》までやってきた。ブランカがみつかると思《おも》ったのか、それとも復讐《ふくしゅう》にやってきたのかはわからないが、敵《てき》はみつかった。ロボは、外《そと》にいた不運《ふうん》な番犬《ばんけん》をずたずたにかみ裂《さ》いた。家《いえ》の玄関《げんかん》から50メートルと離《はな》れていないところだ。ひとりでやってきたのは間違《まちが》いない。次《つぎ》の日《ひ》の朝《あさ》、確《たし》かめてみると、足跡《あしあと》はひとつしかなかった。ロボはそのあと、あたりをむちゃくちゃに駆《か》け回《まわ》ったらしい。いつもなら考《かんが》えられないことだ。わたしは、そうなりそうな気《き》がして、牧場《ぼくじょう》のまわりに罠《わな》をいくつか仕掛《しか》けておいた。あとで、そのうちのひとつにかかったことがわかった。だが、ロボは力《ちから》に物《もの》をいわせて逃《のが》れ、罠《わな》を蹴飛《けと》ばしていった。

ロボは、せめてブランカの死骸《しがい》をみつけるまでは近《ちか》くをうろついているだろう。そこでわたしは必死《ひっし》に次《つぎ》の計画《けいかく》を考《かんが》えた。ロボがここからいなくなるまえに、自暴自棄《じぼうじき》になっているうちに捕《つか》まえたい。ブランカを殺《ころ》したのは間《ま》違《ちが》いだった。おとりに使《つか》えば、次《つぎ》の晩《ばん》にはロボを捕《つか》まえられたかもしれなかったのだ。

わたしは集《あつ》められるだけ罠《わな》を集《あつ》めた。１３０個《こ》のごつい鋼《はがね》の罠《わな》が集《あつ》まった。それを４個《こ》ずつ、あの峡谷《けいこく》に通《つう》じるすべての道《みち》に仕掛《しか》けた。罠《わな》はひとつずつ別《べつ》の丸太《まるた》につなぎ、丸太《まるた》もひとつずつ地面《じめん》に埋《う》めた。埋《う》めるときも、地《じ》面《めん》をそっくり丸《まる》ごとはがして、それを毛布《もうふ》の上《うえ》に置《お》いておき、そのままもどしたので、人間《にんげん》がいじったようにはみえない。罠《わな》を隠《かく》し終《お》えると、ブランカの死骸《しがい》を引《ひ》きずってその上《うえ》を歩《ある》いた。それから同《おな》じようにして牧場《ぼくじょう》をぐるっとまわった。最後《さいご》に、ブランカの足《あし》をひとつ切《き》り取《と》って、罠《わな》を仕掛《しか》けたところに１列《れつ》に足跡《あしあと》をつけておいた。わたしは慎重《しんちょう》なうえにも慎重《しんちょう》に、思《おも》いつく限《かぎ》りの工夫《くふう》をこらした。そして夜遅《よるおそ》く、引《ひ》き上《あ》げて、結果《けっか》を待《ま》った。

夜《よる》、１度《ど》、ロボの吠《ほ》え声《ごえ》をきいたような気《き》がしたが、確《たし》かではない。

次《つぎ》の日《ひ》、馬《うま》に乗《の》って出《で》かけてみたが、北《きた》の峡谷《けいこく》を回《まわ》り終《お》えるまえに暗《くら》くなってしまったので、記録《きろく》するようなことはなにもみつからなかった。夕食《ゆうしょく》のとき、ひとりのカウボーイがこういった。「北《きた》の峡谷《けいこく》の牛《うし》の群《む》れが大騒《おおさわ》ぎしたって話《はなし》です。あそこの罠《わな》に何《なに》かあったんじゃないんですか」

次《つぎ》の日《ひ》の午後《ごご》、わたしはその場所《ばしょ》に向《む》かった。近《ちか》づいていくと、地面《じめん》から灰色《はいいろ》の大《おお》きな影《かげ》が立《た》ち上《あ》がった。逃《に》げようと必死《ひっし》にあがいている。わたしの目《め》の前《まえ》に、カランパの王《おう》、ロボが姿《すがた》を現《あらわ》したのだ。哀《あわ》れな英雄《えいゆう》はブランカをいつまでも探《さが》し続《つづ》け、その跡《あと》をみつけると、夢中《むちゅう》になってそれを追《お》った。そして待《ま》ち構《かま》えていた罠《わな》にかかったのだ。４個《こ》の鉄《てつ》の罠《わな》につかまって、何《なに》もできない状態《じょうたい》だった。まわりには無数《むすう》の足跡《あしあと》がついていた。牛《うし》が集《あつ》まってきて安全《あんぜん》なところから、玉座《ぎょくざ》から転《ころ》げ落《お》ちた王《おう》をばかにしたのだろう。２日《か》、２晩《ばん》、ロボはそこであがいて、疲《つか》れきっていた。しかし、わたしが近《ちか》づくと、背中《せなか》の毛《け》を逆立《さかだ》てて立《た》ちあがって声《こえ》を上《あ》げた。そしてこれが最後《さいご》とばかりに、峡谷《けいこく》をその太《ふと》く低《ひく》い吠《ほ》え声《ごえ》でふるわせた。助《たす》けを求《もと》め、仲間《なかま》を呼《よ》ぶ吠《ほ》え声《ごえ》だった。だが、それにこたえるものはない。追《お》いつめられ、ひとり残《のこ》されたロボは、最後《さいご》の力《ちから》を振《ふ》りしぼって、死《し》にものぐるいでわたしに飛《と》びかかろうとした。すべてむだだった。罠《わな》は１３０キロもある死《し》のおもりで、その鋼《はがね》の口《くち》がひとつずつ足《あし》をがっちりくわえているのだ。そのうえ重《おも》い丸太《まるた》と鎖《くさり》がさらに邪魔《じゃま》をしている。ロボは完全《かんぜん》に無力《むりょく》だった。

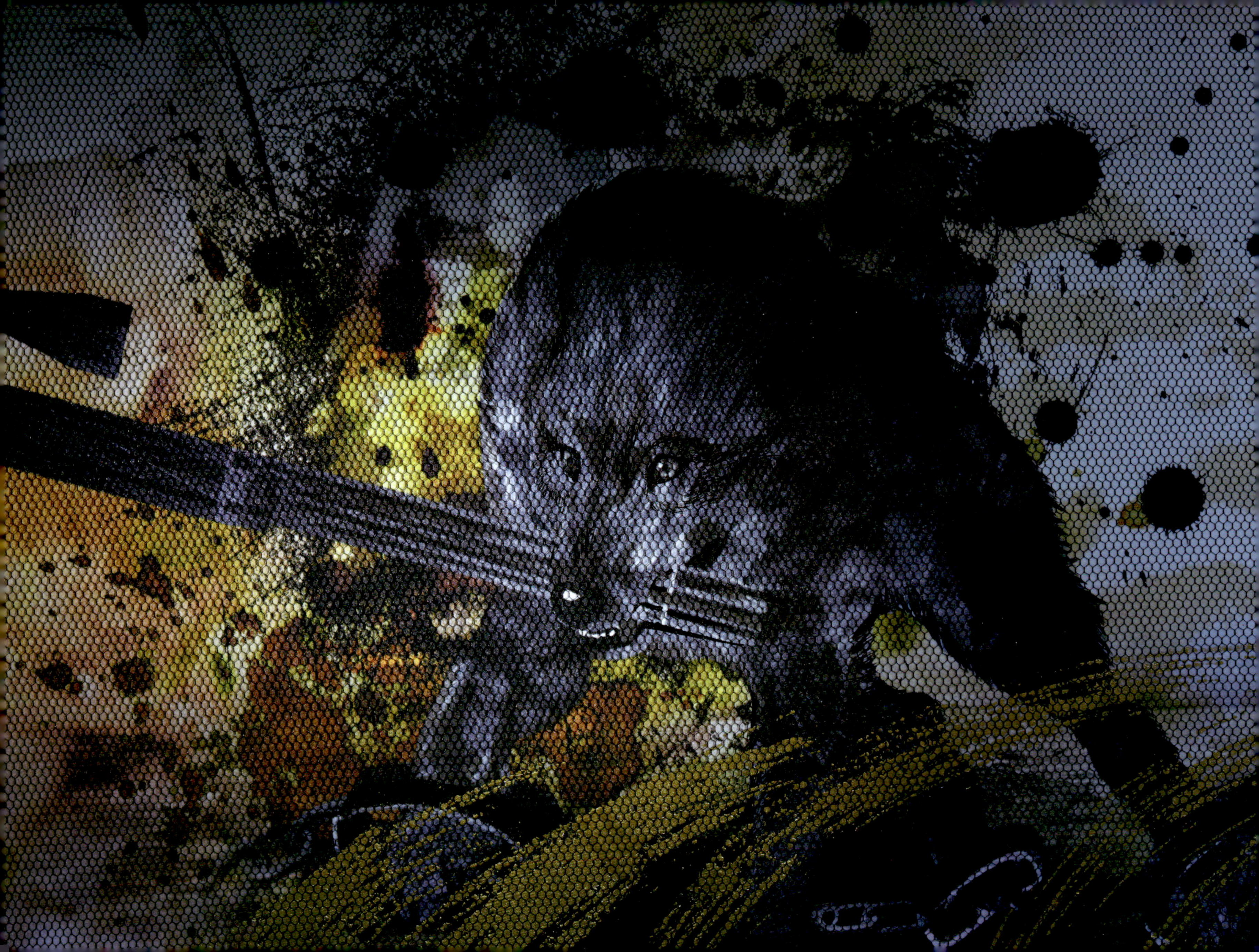

必死《ひっし》に、あのごつい象牙色《ぞうげいろ》の牙《きば》で残酷《ざんこく》な鎖《くさり》にかみついたことだろう。わたしがライフルの先《さき》でつついてみたら、かみつかれ、その跡《あと》はいまでも銃身《じゅうしん》に残《のこ》っている。ロボは緑《みどり》の目《め》を憎《にく》しみと怒《いか》りでぎらぎらさせ、空気《くうき》にかみつき、わたしや震《ふる》えている馬《うま》に飛《と》びかかろうと無駄《むだ》にもがいた。しかし飢《う》えと、あがきと、出血《しゅっけつ》のせいで疲《つか》れはて、力《ちから》なく地面《じめん》に倒《たお》れた。

わたしはなんとなく後《うし》ろめたい気《き》がしてきた。多《おお》くの家畜《かちく》を殺《ころ》した仕返《しかえ》しをしてやろうとその準備《じゅんび》をしているときのことだ。

「偉大《いだい》なるならず者《もの》、千回《せんかい》も無法《むほう》な略奪《りゃくだつ》を行《おこな》ってきた英雄《えいゆう》、おまえも数分後《すうふんご》には死肉《しにく》の塊《かたまり》だ。もう、逃《のが》れようはないぞ」わたしはそういうと投《な》げ縄《なわ》を投《な》げた。縄《なわ》はロボの頭《あたま》の上《うえ》でひゅんと鳴《な》った。ところが速《はや》さが足《た》りなかった。ロボは降伏《こうふく》する気《き》などまったくなく、しなやかな輪《わ》が首《くび》にかかる前《まえ》に、それにかみつき、食《く》いちぎったのだ。かたくて太《ふと》いロープがふたつにちぎれて、ロボの足下《あしもと》に落《お》ちた。

もちろんほかに手段《しゅだん》がなければ、ライフルがある。だが、ロボの素晴《すば》らしい毛皮《けがわ》を傷《きず》つけたくなかった。わたしは牧場《ぼくじょう》の家《いえ》まで馬《うま》で駆《か》けもどり、カウボーイを連《つ》れ、新《あたら》しい投《な》げ縄《なわ》を持《も》ってもどってきた。木《き》の棒《ぼう》を投《な》げつけると、ロボはかみついた。ロボがそれを吐《は》き出《だ》すまえに、２本《ほん》の投《な》げ縄《なわ》が音《おと》を立《た》てて飛《と》び、その首《くび》をしめつけた。

だが、ロボのどう猛《もう》そうな目《め》から光《ひかり》が消《き》えるまえに、わたしは声《こえ》を上《あ》げた。

「まて、殺《ころ》すのはやめだ。生《い》かしたまま牧場《ぼくじょう》まで連《つ》れて帰《かえ》る」ロボは何《なに》をする力《ちから》も残《のこ》っていなかったので、牙《きば》の後《うし》ろまで太《ふと》い棒《ぼう》を押《お》しこむのは簡単《かんたん》だった。それから太《ふと》い紐《ひも》で口《くち》をしばって、棒《ぼう》にくくりつけた。棒《ぼう》と紐《ひも》が組《く》み合《あ》って、完璧《かんぺき》に口《くち》を封《ふう》じた。ロボは口《くち》をしばられたのに気《き》づくと、それきり抵抗《ていこう》するのをやめ、黙《だま》って、じっとこちらをみつめた。それはまるでこういっているかのようだった。

「ようやく、捕《つか》まえたな。好《す》きなようにするがいい」それきり、ロボはわれわれには目《め》もくれなくなった。

わたしはカウボーイといっしょにロボの足《あし》をしばったが、ロボはうなることも吠《ほ》えることもなく、頭《あたま》を動《うご》かすこともなかった。ふたりがかりでなんとかロボを馬《うま》に乗《の》せた。ロボは寝《ね》ているような息《いき》をしていた。目《め》は以前のように澄《す》んで、輝《かがや》いていたが、こちらをみようとはせず、遠《とお》くに隆起《りゅうき》しているメサをみつめていた。ロボのかつての王国《おうこく》。仲間《なかま》はあのあたりで散《ち》り散《ぢ》りになっていることだろう。ロボはそちらをながめていたが、馬《うま》が峡谷《けいこく》を下《お》り始《はじ》めると、メサは岩《いわ》でみえなくなった。

ゆっくり進《すす》むうち、わたしたちは無事《ぶじ》、牧場《ぼくじょう》までもどってきた。そしてロボに首輪《くびわ》をつけ、太《ふと》い鎖《くさり》で牧草地《ぼくそうち》の杭《くい》につなぎ、口《くち》の紐《ひも》をといてやった。

このとき初《はじ》めて、ロボを間近《まぢか》で観察《かんさつ》することができた。そして、存命中《ぞんめいちゅう》の英雄《えいゆう》や暴君《ぼうくん》に関《かん》しての、とんでもないうわさ話《ばなし》がいかにあてにならないかを知《し》った。ロボは金《きん》の首輪《くびわ》などはめていないし、背中《せなか》に、悪魔《あくま》と手《て》を結《むす》んだ印《しるし》である逆《ぎゃく》十字《じゅうじ》もない。ただ、尻《しり》の片方《かたほう》に大《おお》きな傷跡《きずあと》があった。うわさによれば、タネリーの猟犬《りょうけん》、ジュノーにかまれたあとらしい。ジュノーはロボにかみついたが、次《つぎ》の瞬間《しゅんかん》、かみ殺《ころ》されて峡谷《けいこく》の土《つち》の上《うえ》に転《ころ》がったという。

肉《にく》と水《みず》をそばに置《お》いてやったが、ロボはみむきもしなかった。おとなしくうずくまり、黄色《きいろ》の目《め》で、わたしのうしろの、峡谷《けいこく》をみつめていた。そのむこうには平原《へいげん》が広《ひろ》がっている。ロボの平原《へいげん》だ。わたしが手《て》を触《ふ》れても、ロボはぴくりとも動《うご》かなかった。太陽《たいよう》が沈《しず》んでも、ひたすら草原《そうげん》をみつめていた。夜《よる》になると仲間《なかま》を呼《よ》ぶのではないかと思《おも》って、わたしはその準備《じゅんび》をしていた。だが、ロボは追《お》いつめられてどうしようもなくなったとき1度《ど》だけ、仲間《なかま》を呼《よ》ぼうとしたが、それにこたえる者《もの》はいなかった。2度《ど》と、呼《よ》びかけることはないだろう。

力《ちから》を失《うしな》ったライオン、自由《じゆう》を奪《うば》われたワシ、愛《あい》する相手《あいて》をなくしたハトは悲《かな》しみのあまり、死《し》んでいくという。もしそうなら、この残酷《ざんこく》な略奪者《りゃくだつしゃ》がいくら勇敢《ゆうかん》であっても、これら3つをすべて失《うしな》った悲《かな》しみに耐《た》えられるはずがない。わたしにわかっていることはひとつだけだ。夜《よ》が明《あ》けても、ロボはそこに、おとなしくじっとしていた。体《からだ》に深《ふか》い傷《きず》はないが、すでに魂《たましい》が抜《ぬ》けていた。老練《ろうれん》な狼王《おおかみおう》は死《し》んでしまったのだ。

わたしは首《くび》から鎖《くさり》をはずしてやり、カウボーイに手伝《てつだ》ってもらって、ロボをブランカの死骸《しがい》を置《お》いてある小屋《こや》まで運《はこ》んだ。そしてそのそばに置《お》いてやると、カウボーイがいった。「ほら、いけよ。またいっしょになれたんだろう」

清川あさみ

布や糸を使ったアーティストとして、写真に刺繍を施すなど、独特な手法で注目され、美術作品の他、衣装、広告、映像、空間デザイン、プロダクトデザインなど幅広く活躍。女性を美しく魅せる作品にも定評がある。主な著書に、作品集『美女採集』『男糸　ＤＡＮＳＨＩ』、最新作『ひみつ』。絵本に『幸せな王子』（文・オスカー・ワイルド）『銀河鉄道の夜』（文・宮沢賢治）『かみさまはいるいない？』（文・谷川俊太郎）、『ココちゃんとダンボールちゃん』ほか多数。２０１４年はミラノサローネに初出展するなど展覧会も多数。２０１５年７月には福井県金津創作の森にて大規模な個展が控えている。

主な受賞歴は、２０１０年ＶＯＣＡ展入賞、２０１２年「VOGUE JAPAN Women of the Year」。

http://www.asamikiyokawa.com/

アーネスト＝トムソン＝シートン

１８６０年イギリスの港町サウス・シールズ生まれ。１８６６年家族とカナダの開拓農場に移住。その後、ロンドンやパリで絵の専門教育を受け、カナダに戻り、森や草原でさまざまな動物を観察し記録した。１８８３年ニューヨークの出版社で動物の絵を書く仕事を始めたが、カナダに戻る。その後もパリやニューヨークに出て仕事をした。１８９３年友人から話を聞いていたロボと呼ばれる狼の退治をしにニューメキシコへ向かう。１８９６年アメリカに永住、ニューヨークで生活を始める。１８９８年雑誌に発表した動物物語を集め、第１作品集『私が知っている野生動物』（Wild Animals I Have Known）を刊行、大ヒットとなり、シートンの名は全米で知られるようになった。１９４６年ニューメキシコ州サンタフェで没す。

金原瑞人

１９５４年、岡山県生まれ。翻訳家。法政大学社会学部教授。ＹＡの分野を中心に精力的に海外文学の紹介をおこない、訳書は４００点を超える。エッセイ、書評などでも活躍。おもな訳書に、『豚の死なない日』、『青空のむこう』、『ブラッカムの爆撃機』、『国のない男』、『バーティミアス』、『パーシー・ジャクソンとオリンポスの神々』、『月と六ペンス』、『バビロン行きの夜行列車』、『〝少女神〟第９号』など。インノチェンティ絵『ピノキオの冒険』『ガール・イン・レッド』ほか絵本の翻訳も多数。

新良太

１９７３年、東京生まれ。写真家。建築写真を中心に活動の場を広げている。地下構造物を撮影した写真集『Ｎｏｔ　Ｆｏｕｎｄ』と建設過程を記録した写真集『ＴＯＫＹＯ　ＳＫＹＴＲＥＥ』がある。

シートン動物記
狼王ロボ

2015年5月19日　初版第1刷発行

絵　清川あさみ
訳　金原瑞人
写真　新 良太

アートディレクション&デザイン　井上嗣也
デザイン　稲垣 純（ビーンズ）
撮影協力　吉田多麻希
編集　熊谷新子

発行者　孫 家邦
発行所　株式会社リトルモア
〒151-0051 東京都渋谷区千駄ケ谷3-56-6
TEL 03-3401-1042 FAX 03-3401-1052
info@littlemore.co.jp http://www.littlemore.co.jp

印刷・製本　凸版印刷株式会社

Printed in Japan
ISBN 978-4-89815-410-6 C0093